U0256163

农业生态文明建设科普连环画丛书

沼肥综合利用技术手册

农业部农业生态与资源保护总站
中国农业出版社 编绘

邱凌 强虹 王飞 主编

中国农业出版社

图书在版编目（CIP）数据

沼肥综合利用技术手册 ／ 邱凌，强虹，王飞主编.
— 北京 ：中国农业出版社，2015.4（2017.12重印）
　（农业生态文明建设科普连环画丛书）
ISBN 978-7-109-20371-6

　Ⅰ．①沼… Ⅱ．①邱… ②强… ③王… Ⅲ．①农村-
甲烷-综合利用-手册 Ⅳ．①S216.4-62

中国版本图书馆CIP数据核字(2015)第071771号

中国农业出版社出版
（北京市朝阳区麦子店街18号楼）
（邮政编码 100125）
责任编辑　张德君　司雪飞
————————————
中国农业出版社印刷厂印刷　　新华书店北京发行所发行
2015年4月第1版　　2017年12月北京第2次印刷
————————————
开本：787mm×1092mm　1/24　　印张：4.75
字数：150千字
定价：15.00元
（凡本版图书出现印刷、装订错误，请向出版社发行部调换）

编写人员

邱　凌　强　虹　王　飞　梁　勇　王玉莹　葛一洪

杨　鹏　张　月　刘　芳　周彦峰　井良宵　孙全平

潘君廷　王　蕾　张容婷　金字塔　石复习　郭晓慧

杨选民　席新明　朱　琳

前　言

　　沼气发酵技术是有效处置和利用有机废弃物的手段，其产物也是高品位的气态清洁能源和高质量的生态有机肥料，综合利用价值较高。随着农村沼气的稳步健康发展，必然会产生大量的厌氧发酵残留物，也就是沼液和沼渣（合称沼肥），对其进行有效合理的利用，是实现农村生态化和可持续发展的必然要求。沼肥由于其富含营养物质及微量元素，对动植物的生长发育和抗病能力的提高有显著作用，在种植业上已得到广泛应用。沼肥的综合利用是减少农业环境污染的有效途径，可积极促进我国农业生态文明建设。

　　本书以科普连环画的表现方式，介绍沼肥综合利用技术。在本书编写过程中，得到了依托西北农林科技大学建立的农业部农村可再生能源开发利用西部实验站的业务指导，也得到农业部沼气科学研究所、有关省份农村能源主管部门的大力支持，并参考了大量的沼气科技著作、实验总结、文献资料和一些地方沼气推广部门的指导丛书，在此谨致衷心感谢！全书由邱凌教授统稿和修订。

编　者

2015 年 2 月

目　录

1. 什么是沼肥 ……………………………………………… 1

2. 沼肥综合利用的生态经济效益 ……………………… 6

3. 沼肥利用典型模式 …………………………………… 12

4. 沼渣配制营养土和沼渣堆肥技术 …………………… 15

5. 沼液浸种和沼液无土栽培技术 ……………………… 19

6. 沼液防治农作物病虫害技术 ………………………… 25

7. 小麦应用沼肥技术 …………………………………… 30

8. 玉米应用沼肥技术 …………………………………… 35

9. 水稻应用沼肥技术 …………………………………… 39

10. 苹果施用沼肥技术 ………………………………… 45

11. 柑橘施用沼肥技术 ………………………………… 49

12. 西瓜应用沼肥技术 ………………………………… 53

13. 辣椒应用沼肥技术 ………………………………… 59

14. 番茄应用沼肥技术 ……………………………… 63

15. 黄瓜应用沼肥技术 ……………………………… 66

16. 芹菜应用沼肥技术 ……………………………… 69

17. 马铃薯应用沼肥技术 …………………………… 73

18. 烤烟应用沼肥技术 ……………………………… 76

19. 大棚无公害蔬菜施用沼肥技术 ………………… 80

20. 沼肥种花技术 …………………………………… 84

21. 沼渣栽培双孢菇技术 …………………………… 86

22. 沼渣栽培平菇技术 ……………………………… 91

23. 沼渣栽培木耳技术 ……………………………… 93

24. 沼渣栽培草菇技术 ……………………………… 96

25. 沼渣养殖蚯蚓技术 ……………………………… 100

1. 什么是沼肥

1.1 沼肥是怎么产生的

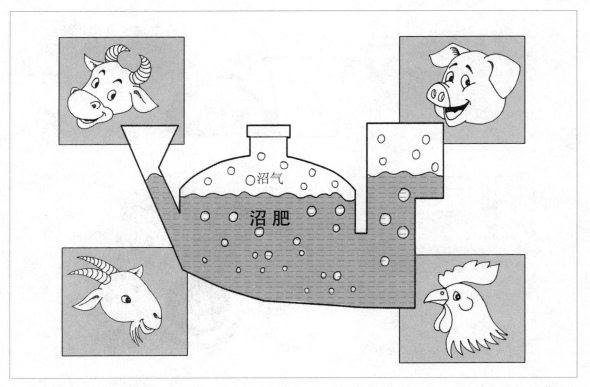

　　沼气池在生产沼气的同时，也会均衡地产生大量的残留物——沼渣和沼液，是生物质经过沼气池厌氧发酵的产物。沼渣和沼液是农作物优质的生态有机肥料，合称沼肥。随着我国沼气事业的持续健康发展，沼肥资源越来越丰富，必将在现代生态农业中发挥重要作用。

1.2 沼肥有什么作用

◎沼液中含有农作物生长所需的速效氮、磷、钾等矿物元素，同时还含有各种生理活性物质及微量元素

沼液　沼渣

◎沼渣是速效缓效兼备、优质、清洁的有机肥料

　　沼渣、沼液中含有植物生长所需的营养元素，并富含利于土壤改良的有机物质及易于植物吸收的小分子腐殖质，科学合理地用于农业，可使农作物提质增效，实现农村生态化和可持续发展。

一般来说，沼渣中含：
有机质 36%~49%
腐殖酸 10%~24%
全氮 0.78%~1.6%
全磷 0.4%~0.6%
全钾 0.6%~1.3%
其他还有粗蛋白与多种矿物元素、氨基酸等成分

　　沼渣是由部分未分解的原料和新生的微生物菌体组成，分为三部分：一是有机质、腐殖酸，对改良土壤起着主要作用。二是氮、磷、钾等元素，满足作物生长需要。三是未腐熟原料，施入农田继续发酵，释放肥分。

1.4 沼液的成分

> 沼液是有机废弃物在严格厌氧环境下，经沼气微生物降解后的残液，沼液中的营养元素基本上是以速效养分形式存在的，包括氮(0.03%~0.08%)、磷(0.02%~0.07%)、钾(0.05%~1.40%)等大量营养元素和钙、铜、铁、锌、锰等中微量营养元素，还含有多种氨基酸和活性酶，且长期的厌氧发酵环境使大量的病菌虫卵和杂草种子窒息而亡

　　沼液的速效营养能力强，养分可利用率高，且不带活病菌和虫卵，是多元卫生的速效复合肥料，具有较高的应用价值。能够促进作物生长、抗病虫害等多重功效，被誉为是一种优质的有机肥料和广谱性的生物农药。

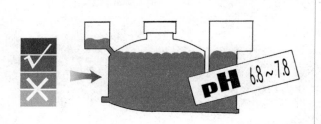

◎沼肥的颜色为棕褐色或黑色

◎沼渣水分含量 60%~80%，沼渣干基样的总养分含量应≥3.0%，有机质含量≥30%

◎沼液水分含量 96%~99%。沼液鲜基样的总养分含量应≥0.2%

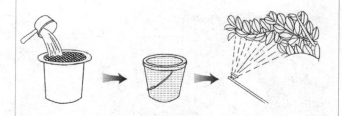

◎沼液作农作物叶面追肥时，要澄清、纱布过滤

　　沼肥的卫生指标应符合 GB7959-1987 规定的要求。主要污染物允许含量：总镉（以 Cd 计）≤3 毫克／千克；总汞（以 Hg 计）≤3 毫克／千克；总铅（以 Pb 计）≤100 毫克／千克；总铬（以 Cr 计）≤300 毫克／千克；总砷（以 As 计）≤70 毫克／千克。

2. 沼肥综合利用的生态经济效益

2.1 沼肥能增强土壤保水、保肥能力

　　沼渣中的腐殖质带有正负两种电荷，具有较强吸附阳离子的能力，作为养分原料的 K^+、NH_4^+、Ca^{2+}、Mg^{2+} 等阳离子一旦被吸附后，就可以避免随水流失，而且能随时被根系附近的其他阳离子交换出来供作物吸收，仍不失其有效性。

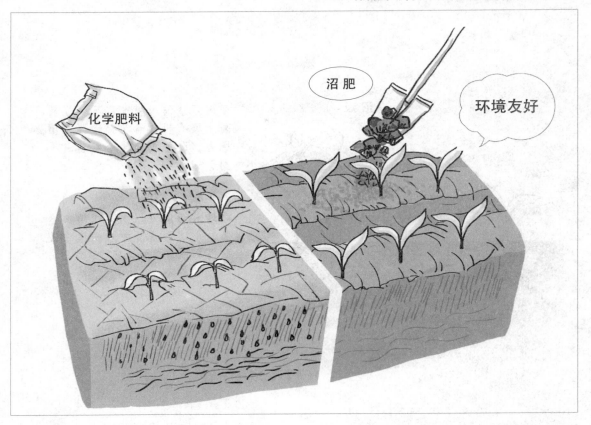

化学肥料

沼 肥

环境友好

　　沼肥与其他肥料最明显的区别就在于它所具有的生态和环保性能。尿素、碳铵等化学肥料长期使用，会改变土壤性状，降低肥力，造成土壤板结，作物对其依赖性增强。同时在施用期间短时间内大量释放过多氮、磷元素，造成地下水或地表水的富营养化，危害正常的生态环境。

2.3 沼肥能改善土壤结构、提高土壤肥效

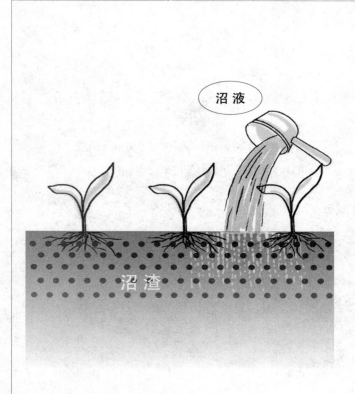

◎用沼渣作为基肥，可明显提高土壤有机质含量，增强土壤肥力，改善土壤生态环境，有利于作物生长

◎增施沼肥可以提高土壤中全氮、全磷含量，并对土壤中速效性养分的增加具有显著作用

　　长期单施沼肥或者配施沼肥、三元复合肥均能有效改善土壤结构，降低土壤容重，改善土层孔隙度，促进土壤团粒结构的形成。孔隙度的增加，有利于土壤的透气性和透水性，使土壤保肥、保水能力增强。

连续两年施用沼渣可使碱性土壤 pH 值和碱化度降低 1～2 个单位。另外腐殖质是一种含有多酸性功能团的弱酸，其盐类具有两性胶体的作用，因此具有很强的缓冲酸碱变化的能力。当连续施用沼渣肥料时，可增强土壤缓冲酸碱变化的能力。

2.5 沼肥能促进作物的生理活性，提高产量和品质

◎沼液和沼渣在配施一定比例化肥的基础上，能增加甜玉米子粒还原糖含量

◎沼液配施磷、钾肥能提高桃产量，降低有机酸含量

◎沼液配施钾肥可使苹果果实着色率、单果重、硬度、可溶性固形物以及花青苷的含量提高

◎施用沼肥能改善生菜和草莓的营养品质，并能显著降低汞、砷、铬、镉和铅等重金属的含量，同时能降低农药残留

　　沼渣中的腐殖酸在一定浓度下可促进作物的生理活性，促进还原糖的累积，增强作物的抗旱、抗寒能力；加速种子发芽和养分吸收，增加生长速度；加强作物的呼吸作用，提高养分的吸收能力，并加速细胞分裂，增强根系的发育。

沼渣中的腐殖酸能与某些金属离子络合，由于络合物的水溶性而使有害的金属离子有可能随水排出土体，减少对作物的危害和对土壤的污染。

3. 沼肥利用典型模式

3.1 北方"四位一体"能源生态模式

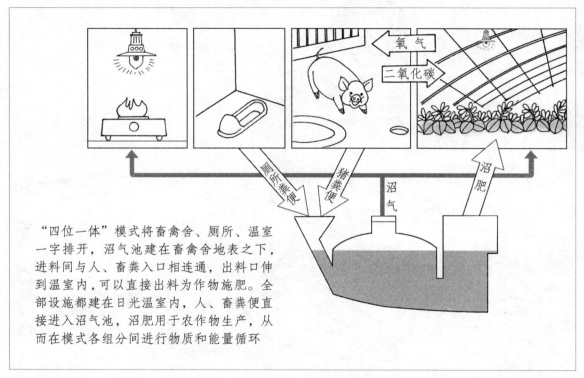

"四位一体"模式将畜禽舍、厕所、温室一字排开，沼气池建在畜禽舍地表之下，进料间与人、畜粪入口相连通，出料口伸到温室内，可以直接出料为作物施肥。全部设施都建在日光温室内，人、畜粪便直接进入沼气池，沼肥用于农作物生产，从而在模式各组分间进行物质和能量循环

　　在"四位一体"模式中，其功能主要是发酵物在系统中的循环及综合利用。在沼气发酵过程中，有机物被分解转化成代谢产物、微生物菌体及残余物，这些产物就是沼气综合利用的物质基础。"四位一体"模式中，沼肥利用的核心是为蔬菜、果品、花卉等生长发育提供优质有机肥。

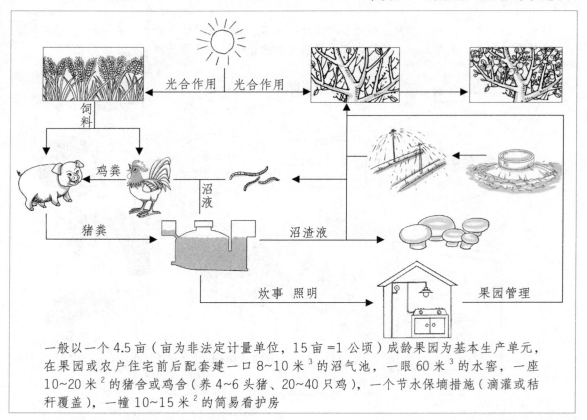

一般以一个 4.5 亩（亩为非法定计量单位，15 亩 =1 公顷）成龄果园为基本生产单元，在果园或农户住宅前后配套建一口 8~10 米³的沼气池，一眼 60 米³的水窖，一座 10~20 米²的猪舍或鸡舍（养 4~6 头猪、20~40 只鸡），一个节水保墒措施（滴灌或秸秆覆盖），一幢 10~15 米²的简易看护房

"五配套"模式以生态果园为基础，以太阳能为动力，以沼气为纽带，形成以农带牧，以牧促沼，以沼促果，果牧结合，持续发展的良好生态农业系统。沼液用于果树叶面喷肥，沼渣用于果园施肥，实现果园生态系统良性循环和果品优质安全高产。

3.3 南方"猪—沼—果"能源生态模式

"猪—沼—果"模式是以户为单元,以山地、大田、庭院等为依托,采用先进技术,建造沼气池、猪舍、厕所三结合工程,并围绕农业产业,因地制宜开展沼液、沼渣综合利用

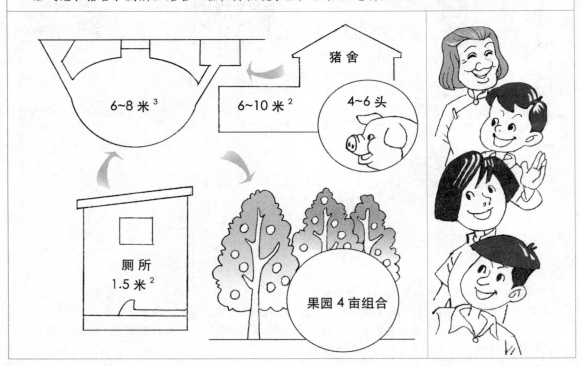

6~8 米³

6~10 米²

猪舍

4~6 头

厕所
1.5 米²

果园 4 亩组合

"猪—沼—果"模式,就是利用猪粪和农村秸秆等废弃物下沼气池发酵,产生沼气后供农户烧饭点灯,解决农村生活用能,利用沼肥浸种、施肥等,形成农业废弃物—沼气池—农业生产循环农业模式。"猪—沼—果"模式中,沼肥利用的核心是开展综合利用,实现经济、社会、生态三大效益的统一。

4. 沼渣配制营养土和沼渣堆肥技术

4.1 沼渣配制营养土技术

　　选用腐熟度好、质地细腻的沼渣，按沼渣：泥土：锯末：化肥以 20%～30%：50%～60%：5%～10%：0.1%～0.2% 的比例配合，拌和均匀。

4.2 沼渣堆制有机肥技术

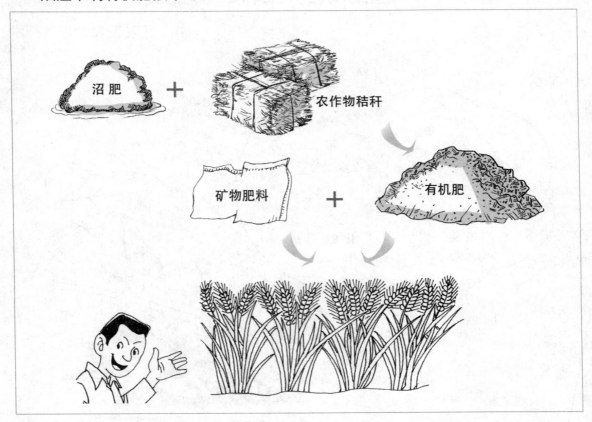

　　将沼渣与农作物秸秆混合进行好氧发酵处理，用堆肥技术制成有机肥，这样不仅处理了畜禽废弃物，也解决了大量农作物秸秆资源浪费的问题，还能创造一定的经济效益。沼渣作为有机肥料可以和其他速效肥料尤其是矿物肥料配合使用，互相补充达到增产效果。

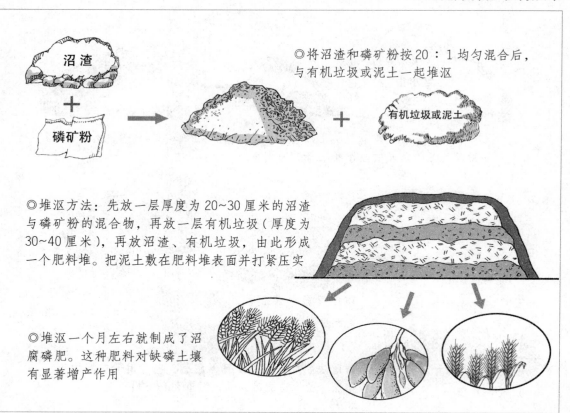

◎将沼渣和磷矿粉按20：1均匀混合后，与有机垃圾或泥土一起堆沤

◎堆沤方法：先放一层厚度为20~30厘米的沼渣与磷矿粉的混合物，再放一层有机垃圾（厚度为30~40厘米），再放沼渣、有机垃圾，由此形成一个肥料堆。把泥土敷在肥料堆表面并打紧压实

◎堆沤一个月左右就制成了沼腐磷肥。这种肥料对缺磷土壤有显著增产作用

　　沼渣与化肥配合施用能够取长补短，提高肥效，避免连续大量施用化肥对土壤结构的破坏。沼腐磷肥施于水稻、小麦、油菜、甘薯都有较好的效果，一般增产6%～15%。在缺磷土壤上施用这种肥料增产效果更为明显，一般增产在15%以上。

4.4 沼渣与氮肥混合堆沤技术

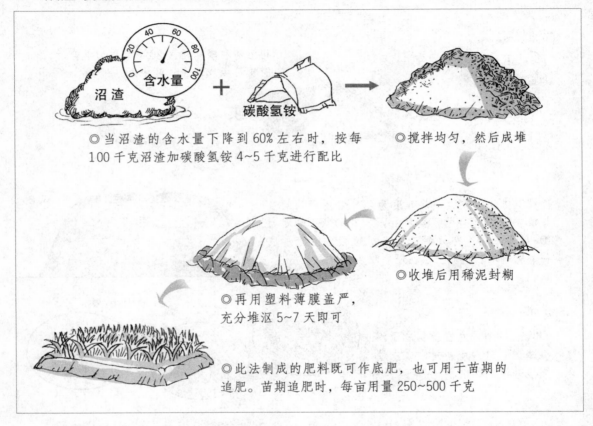

◎当沼渣的含水量下降到 60% 左右时，按每 100 千克沼渣加碳酸氢铵 4~5 千克进行配比

◎搅拌均匀，然后成堆

◎收堆后用稀泥封糊

◎再用塑料薄膜盖严，充分堆沤 5~7 天即可

◎此法制成的肥料既可作底肥，也可用于苗期的追肥。苗期追肥时，每亩用量 250~500 千克

　　碳酸氢铵和氨水易挥发，如能将沼渣与其混合施用能促进化肥在土壤中的溶解和吸附并刺激作物吸收，这样可减少氮素损失、提高化肥利用率。

5. 沼液浸种和沼液无土栽培技术

5.1 沼液浸种的效益

农作物种子在发芽前要经过浸泡，使其吸水后从休眠状态进入萌动状态。浸种对作物的发芽、成秧以及栽种后的生长发育有着重要的作用，对作物收成起着重要的影响

　　沼液浸种不仅可以提高种子的发芽率、成秧率，促进种子生理代谢，提高秧苗素质，而且可增强秧苗抗寒、抗病、抗逆性能。沼液浸种是一项操作简单、容易推广的成功技术，具有较好的增产效果和经济效益。

5.2 沼液浸种的优点

◎营养全面。沼液富含营养。腐熟的沼气发酵液,含有种子所需的多种水溶性养分,如氮、磷、钾和铜、铁、镁、锌等微量元素以及一些氨基酸,还有生长刺激调控物质如维生素、生长激素等

◎温度适宜。沼气池出料间(即水压间)内的沼液温度比清水要稍高一些,种子处在适宜的环境条件下,活跃了新陈代谢,有利于促进种子萌芽,提高种子发芽率

经过沼气池厌氧发酵处理的沼液,病菌和虫卵被杀灭,无毒无害。沼液中的多种微生物及其分泌的活性物质,对种子表面的有害病菌具有一定的抑制和杀灭作用,沼液中的氨离子也能杀灭种子病菌,得到药物浸种的同等效果。

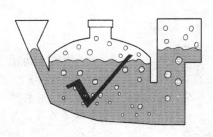

◎正常运转、使用两个月以上，并且正在产气的（以能点亮沼气灯为准）沼气池出料间内的沼液才能用于浸种

◎停止产气、废弃不用的沼气池沼液不能用来浸种

◎发酵充分的沼液为无恶臭气味、深褐色明亮的液体，温度15℃以上，pH在6.5~7.5之间

　　出料间流进了生水、有毒污水（如农药等），或倒进了生人粪、牲畜粪便及其他废弃物的沼液不能利用。用于浸种的沼液应选自以畜禽粪便为主要发酵原料的沼气池出料间。

5.4 浸种前的准备

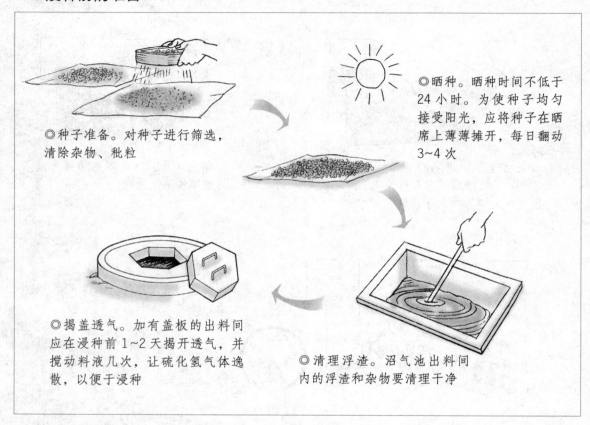

◎种子准备。对种子进行筛选，清除杂物、秕粒

◎晒种。晒种时间不低于24小时。为使种子均匀接受阳光，应将种子在晒席上薄薄摊开，每日翻动3~4次

◎揭盖透气。加有盖板的出料间应在浸种前1~2天揭开透气，并搅动料液几次，让硫化氢气体逸散，以便于浸种

◎清理浮渣。沼气池出料间内的浮渣和杂物要清理干净

　　用于沼液浸种的种子应选用上年或当年生产的新鲜种子。种子筛选后进行晒种，以提高种子发芽率。浸种工具常用透水性较好的塑料编织袋。

◎种子装袋。将种子装入袋内，装种量根据袋子大小而定，一般每袋装 15~20 千克，并要留出一定空间（因为种子吸水后要膨胀），空间大小视种子的种类而定，有壳种子应留 1/3 的空间，无壳种子应留一半或 2/3 的空间，然后扎紧袋口

◎浸种。将种子袋用绳子吊入正常产气的沼气池出料间中部料液中，在出料口上横放一根竹棒，将绳子另一端绑在竹棒中部，使袋子悬吊在固定的浸种位置

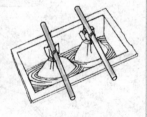

浸种时间根据种子种类和沼液温度确定。有壳种子一般浸种 24~72 小时，无壳种子一般浸种 12~24 小时。沼液温度低时，浸种时间稍长

◎漏干。提出种子袋，漏干沼液

◎播种。将漏干后的种子洗净，然后播种。需要催芽的，按常规方法催芽后播种

农村户用沼气池普遍是常温发酵，在环境气温变幅不大时，池内料液温度较为恒定。春末夏初大春作物浸种，沼气池出料间内沼液温度为 15℃ 左右，浸种时间可稍长；夏末秋初小春作物浸种，出料间内沼液温度为 18℃ 左右时，浸种时间可适当缩短。一般以种子吸饱水为度，最低吸水量以 23% 为宜。

5.6 沼液无土栽培技术

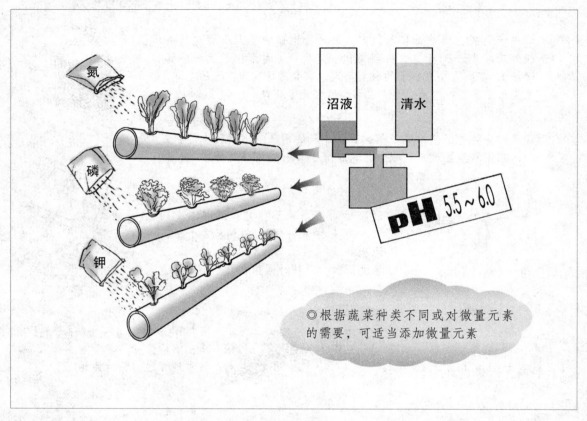

◎根据蔬菜种类不同或对微量元素的需要，可适当添加微量元素

在蔬菜栽培过程中，要定期添加或更换沼液。经沉淀、过滤后的沼液，根据各类蔬菜的营养要求，以 1∶4～1∶8 比例稀释后用作蔬菜无土栽培的营养液。调节营养液 pH 为 5.5～6.0。

6. 沼液防治农作物病虫害技术

6.1 沼液防治农作物病虫害的优点

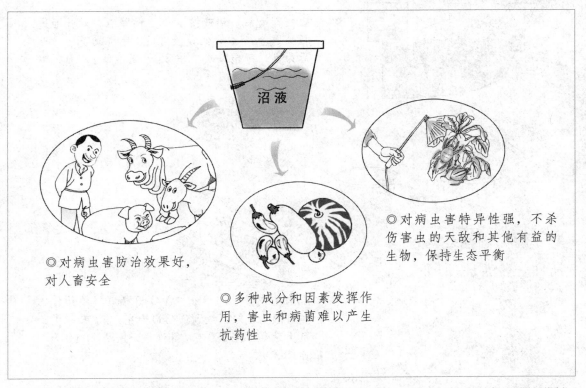

◎对病虫害防治效果好，对人畜安全

◎多种成分和因素发挥作用，害虫和病菌难以产生抗药性

◎对病虫害特异性强，不杀伤害虫的天敌和其他有益的生物，保持生态平衡

　　沼液具有营养、抑菌、刺激、抗逆等功效，用于防治病虫害，无污染、无残毒、无抗药性，因而又称它为"生物农药"。

6.2 沼液防治农作物病虫害技术要点

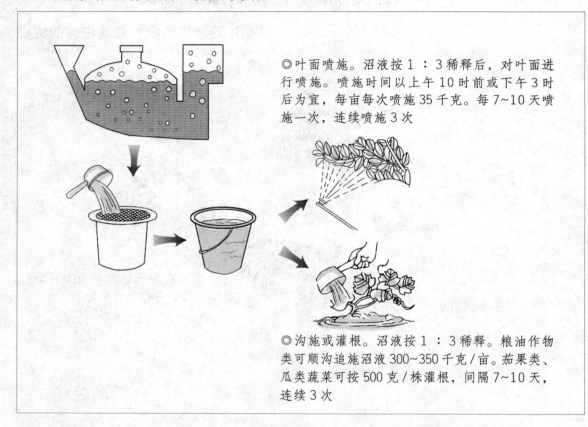

◎叶面喷施。沼液按 1 ∶ 3 稀释后，对叶面进行喷施。喷施时间以上午 10 时前或下午 3 时后为宜，每亩每次喷施 35 千克。每 7~10 天喷施一次，连续喷施 3 次

◎沟施或灌根。沼液按 1 ∶ 3 稀释。粮油作物类可顺沟追施沼液 300~350 千克／亩。茄果类、瓜类蔬菜可按 500 克／株灌根，间隔 7~10 天，连续 3 次

沼液还可与其他农药混合施用，以提高防病效果。沼液选用要求：正常发酵产气 3 个月以上，pH 为 6.8 ～ 7.6 之间，用纱布过滤，曝气 2 小时。

◎按沼液14千克加洗衣粉溶液(洗衣粉：清水 = 0.1：1) 0.5千克的配比，配制成沼液治虫剂

◎选择晴天的上午喷施，每次每亩喷施35千克

在蚜虫发生期，每天喷施一次，连续喷施两次。

6.4 沼液防治玉米螟幼虫技术

◎按沼液 50 千克加 2.5% 敌杀死乳油 10 毫升的配比,配成沼液治虫药液

◎施用时将喷雾器喷头朝下,喷施玉米心叶

在螟虫孵化盛期,选择晴天的上午喷施,每次每亩喷施 35 千克。每天喷施一次,连续喷施 2 次。

◎施用前沼液用纱布过滤，放置 2 小时后用喷雾器喷施

◎选择气温低于 25℃ 的天气，在露水干后全天喷施，重点喷在叶片的背面

尿素

磷钾肥

◎对于上年结果多、树势弱的果树，在沼液中加入 0.1% 的尿素。对幼龄树和结果少、长势弱的树，在沼液中加入 0.2%~0.5% 的磷钾肥，以利花芽的形成

每次每亩喷施 35 千克，每天喷施一次，连续喷施 2 次。

7. 小麦应用沼肥技术

施 用沼肥可以有效促进麦苗生长，减少小麦病虫害的发生，使小麦籽粒饱满，增加千粒重，从而实现小麦增产，一般增产幅度可达 10% ~ 20%

7.1 沼液浸种

◎晒种。将种子筛选清除杂物，保证种子纯度和质量。然后翻晒 1~2 天，以提高种子的吸水性能

◎装袋。选择透水性好的编织袋，将种子装入后扎紧袋口，种子量为袋容积的 2/3

◎浸种。播种前一天进行浸种。将种子袋放入水压间中部沼液中，使浸种袋内种子均匀、松散于袋内，以沼液浸没种子为宜。浸泡时间 12 小时

◎清洗。捞出浸种袋，用清水漂洗 1~2 遍，晾干后即可播种

小麦沼液浸种可增产 5% ～ 7%。

◎一般沙质土壤每亩施 2000 千克，质地较重的土壤每亩施 1500 千克

◎施用量不能过大，否则会使小麦营养生长过旺而引起倒伏和减产

每亩施用 1800 千克，即可达到明显的增产效果。

7.3 小麦叶面喷施沼液

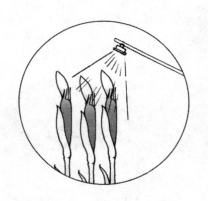

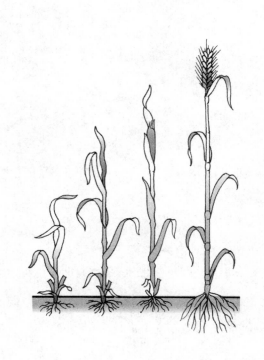

◎小麦拔节期至灌浆期，每亩用浓度为50%(沼液：清水＝1：1)的沼液40千克，每7~10天喷雾一次，这样能促进冬小麦的生长发育，加速穗分化，增加亩穗数

　　小麦生长后期，对叶色变淡，呈现早衰趋势的麦田，每亩用40千克、浓度为75%(沼液：清水＝3：1)的沼液进行叶面喷洒，可迅速被叶片组织吸收，能够延长叶片的功能期，增加实粒数和干物质积累量，提高千粒重。

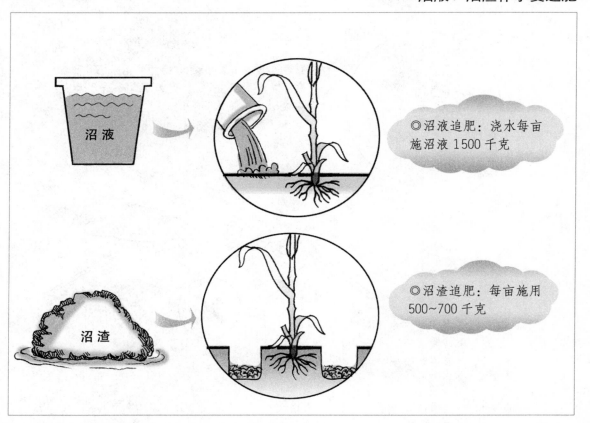

◎沼液追肥：浇水每亩施沼液 1500 千克

◎沼渣追肥：每亩施用 500~700 千克

沼液追肥时，可直接开沟挖穴浇灌小麦根部周围。

7.5 沼液防治小麦赤霉病

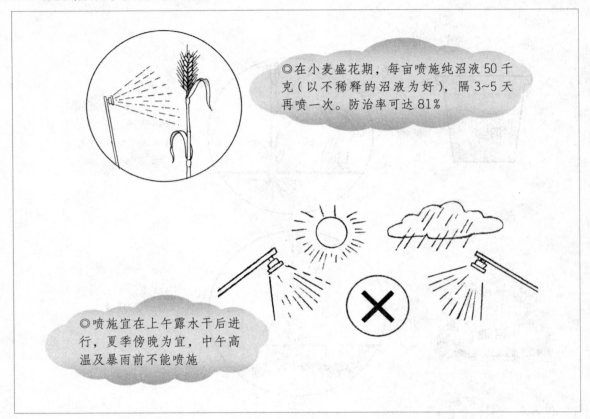

◎在小麦盛花期，每亩喷施纯沼液 50 千克（以不稀释的沼液为好），隔 3~5 天再喷一次。防治率可达 81%

◎喷施宜在上午露水干后进行，夏季傍晚为宜，中午高温及暴雨前不能喷施

喷施沼液时，对 40% 灭菌丹可湿性粉剂 200 ～ 300 倍液喷雾，可兼治锈病。

8. 玉米应用沼肥技术

玉米施用沼渣、沼液，前期生长旺盛，出苗快而整齐，茎秆粗壮，叶片宽大，叶色浓绿，后期生长稳健，果穗大，穗行数增多，单穗实粒数增多，产量提高

8.1 沼液浸种

◎晒种。浸种选择晴天，将种子翻晒1~2天，以增强种子透气性和酶的活性

◎袋装。把翻晒过的玉米种摊晾后，装入通气性好的布袋或编织袋中，每袋不超过10千克，并留有1/2的空间，以防种子吸足水分后胀破袋子

◎浸种。打开沼气池出料口，捞尽浮渣，将种子放入出料间，并调整至沼液中层，然后用细绳、棍棒固定，防止种子袋沉入池底

浸种时间4~6小时

沼液浸种可使玉米芽齐、芽壮、根多、根粗，百根重提高20%，可增产10%。

8.2 沼渣作基肥和追肥

◎ 沼渣作基肥。每亩施沼渣800~1600千克、加锌肥2千克。可以直接泼洒田面，并立即耕翻，这样有利于沼肥入土，提高肥效

◎ 沼渣作追肥。每亩用量1000~1500千克，可以直接开沟挖穴浇灌在玉米根部周围，并覆土以提高肥效

连续3年施用沼渣作基肥，能使土壤的有机质增加，优质土层增厚。

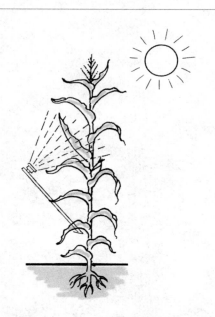

◎幼苗、嫩叶期 1 份沼液加 1~2 份清水。夏季高温，1 份沼液加 1 份清水。气温较低，又是老叶（苗）时，可不加清水

◎每亩喷施沼液 40 千克。每 7~10 天喷施一次，喷施时以叶背面为主。玉米生长季节，在晴天下午喷施最好

◎在小喇叭口期每亩追施沼液 1000 千克左右

穗肥要重施，每亩施沼液 2000 千克、加尿素 20 千克。

8.4 沼渣配制营养土育苗技术

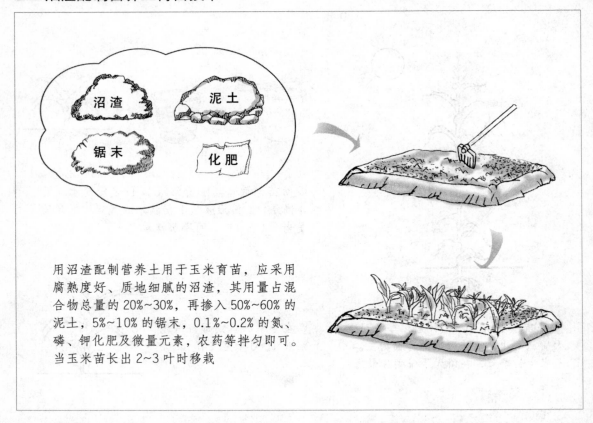

用沼渣配制营养土用于玉米育苗，应采用腐熟度好、质地细腻的沼渣，其用量占混合物总量的 20%~30%，再掺入 50%~60% 的泥土，5%~10% 的锯末，0.1%~0.2% 的氮、磷、钾化肥及微量元素，农药等拌匀即可。当玉米苗长出 2~3 叶时移栽

沼渣培肥玉米苗床，可培育出素质良好的玉米壮苗，能使发根数增多，茎增粗，单株鲜重增重，株高增高。

9. 水稻应用沼肥技术

◎浸种前将种子晒 1~2 天

◎常规稻品种采用一次性浸种。浸种时间：早稻 48 小时，中稻、晚稻 36 小时，粳、糯稻可延长 6 小时

◎抗逆性较差的常规稻品种应将沼液用清水稀释一倍后进行浸种，浸种时间为 36~48 小时

◎杂交稻品种应采用间歇式浸种，"三浸三晾"

早稻浸 42 小时
浸 14 小时　晾 6 小时　浸 14 小时　晾 6 小时　浸 14 小时　晾 6 小时

中稻浸 36 小时
浸 12 小时　晾 6 小时　浸 12 小时　晾 6 小时　浸 12 小时　晾 6 小时

晚稻浸 24 小时
浸 8 小时　晾 6 小时　浸 8 小时　晾 6 小时　浸 8 小时　晾 6 小时

浸种后将种子用清水洗净，破胸催芽。沼液浸种可提高水稻发芽率 5% ～ 10%，成秧率提高 20% 左右，产量提高 5% ～ 8%。

9.2 沼渣催芽

◎沼渣准备。于催芽前 10~20 天，将沼渣从池内抽出，让其自然晾干待用。沼渣用量与下种量的体积比约为 1：1

◎催芽

①将浸种后的稻种用温水浸泡半小时

②准备好的沼渣用开水浇湿，湿度以手捏成团、落地即散为宜

③把稻种和沼渣在热量没散失时均匀拌和装入编织袋

④把已装袋的种谷置于事先铺有 7~10 厘米厚稻草的催芽床上，为确保催芽所需温度，在种袋上再加盖一层稻草，同时适当加压，只需 2 天，种谷就破胸萌发

◎播种下泥。种谷催芽后适当摊凉、练芽，选晴天下泥。如遇低温细雨的恶劣天气，可将种芽摊开，以抑制生长，待雨停、气温回升再播

　　水稻沼渣催芽的出芽率可达 99%，出芽整齐而有弹性。播种下泥时，芽、根无断裂现象，芽壮苗粗，比常规催芽增产 13% 左右。

培育优质秧苗的新技术，可增产 6.8%，增收 8.9%，节支 5.7%，综合经济效益增长 14.6%

◎苗床制作。整地前，每亩苗床撒入沼渣 1500 千克，耕耙 2~3 次，随即作畦，畦宽 140 厘米、高 15 厘米、长不超过 10 米，并做好腰沟和围沟

◎苗床消毒。播种前 10~15 天，每平方米泼施纯沼液 5~6 千克，然后立即用薄膜覆盖（平盖）8~10 天，使苗床处于封闭状态，可起到土壤消毒和杀灭地下害虫的双重作用

◎播种前准备。每亩备好中膜 80~100 千克或地膜 10~12 千克，竹片 450 片，并将种子进行浸种、催芽

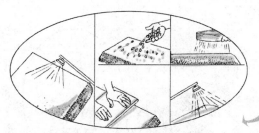

◎播种。播种前，平整畦面，均匀洒水至 5 厘米土层湿润。每平方米喷施沼液 2~3 千克。待沼液渗入土壤后，撒播种子，用干细土均匀撒在种子面上。然后压平、喷水，以保持表土湿润

◎盖膜。按 40 厘米间隙在畦面两边拱形插好支撑地膜的竹片，其上盖好薄膜，四边压实

苗床管理：种子进入生根立苗期应保持土壤湿润。天旱时，可掀开薄膜，喷水浇灌。长出二叶一心时，如叶片不卷叶，可停止浇水，以促进扎根，待长出三叶一心后，方可浇淋。秧苗出圃前一星期，可用稀释一倍的沼液浇淋一次送嫁肥。

9.4 水稻苗床沼液追肥和防病技术

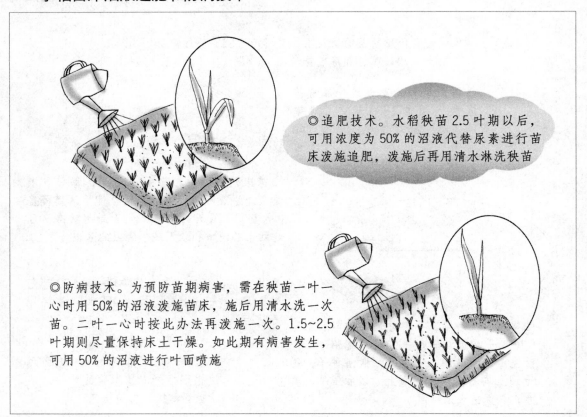

◎追肥技术。水稻秧苗 2.5 叶期以后，可用浓度为 50% 的沼液代替尿素进行苗床泼施追肥，泼施后再用清水淋洗秧苗

◎防病技术。为预防苗期病害，需在秧苗一叶一心时用 50% 的沼液泼施苗床，施后用清水洗一次苗。二叶一心时按此办法再泼施一次。1.5~2.5 叶期则尽量保持床土干燥。如此期有病害发生，可用 50% 的沼液进行叶面喷施

　　水稻苗床追施沼液的施用量根据当时的天气状况和苗床干湿情况灵活掌握，一般以每平方米施用 3～4 千克为宜。

◎在水稻移栽后 7~10 天，亩施沼液和沼渣混合肥 1500 千克左右

◎在水稻整个生长期，间隔 7~10 天，每亩用纯沼液 30~40 千克进行根外追肥，能促进水稻生长，使植株更健壮，从而提高产量和抗性

◎叶面喷施沼液

不能在高温下喷施沼液。喷施时最好叶片正反面均喷施到。

9.6 水稻大田喷施沼液防治病虫

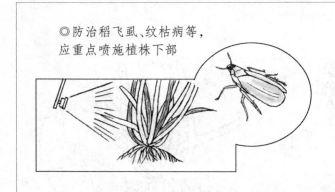

◎防治稻飞虱、纹枯病等，应重点喷施植株下部

◎防治稻瘟病、稻曲病，在破口前3~5天和齐穗期进行重点喷施

沼液最好在取出后1小时内施用，以保证最佳防治效果

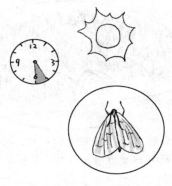

◎防治螟虫、稻纵卷叶螟、稻飞虱等，在最佳防治期内选择温度较高的晴天下午5-6时进行

◎沼液浓度根据气温而定，纯沼液防治病虫的效果较好，原则上在防治病虫害时沼液浓度不低于50%，只要不是高温天气，可不稀释沼液

喷施沼液能有效防治水稻纹枯病、稻瘟病、稻飞虱、螟虫、稻蓟马、稻纵卷、叶螟等病虫害，防效不低于一般的化学农药，且不会产生抗药性，既生态环保又节约成本，特别是对稻飞虱、稻纵卷、叶螟等，防治率在95%以上。

10. 苹果施用沼肥技术

苹果园施用沼肥，不仅可以满足果树生长所需的养分，增强土壤的保水、保肥、抗旱能力，而且能增强果树抗逆性，减少病虫害，提高产量和品质

10.1 沼肥作基肥

◎根据树的大小，在果树四周开沟、开盘，或挖4~6个深度为30~40厘米的坑，每亩施用沼肥混合物2500~3000千克，搭配50千克配方化肥，施后覆土。有条件的可以灌水，待水分渗干后及时覆土填平，以保肥效和防止冻伤树根

　　沼肥作基肥一般在秋季9～10月施用。因为这时是根系的生长高峰，而且土壤温度适宜，有利于沼肥的进一步腐熟分解和根部吸收，增加肥料的利用率。也可进行春施，一般要掌握"早"，土壤解冻后立即进行，对促进果树枝叶生长和提高花芽质量有好处。

10.2 沼液作根部追肥

沼液作根部追肥，一般在坐果后至采果前30天左右进行，每年追施3～5次。

◎ 施肥时间。一般在果树进入开花前、开花后、花芽分化前、果实膨大期和果实采摘后，进行树冠喷施

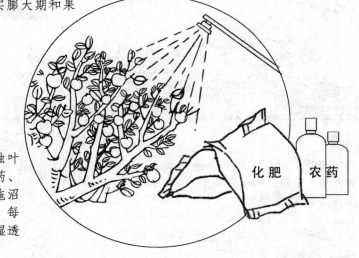

◎ 施用方法。沼液既可单独叶面喷施，也可与化肥、农药、生长剂等混合喷施。每株施沼液 20 千克，进行树冠喷施，每隔 15 天喷施一次，以叶背湿透但肥液不滴流为宜

叶面喷肥沼液，吸收快，利用率高，可使果树叶片变厚，减少病虫害的发生和增强树体抗逆性，有利于花芽分化，保花保果。

10.4 施用沼肥对苹果产量和品质的影响

施用沼肥，可明显提高苹果果形指数，果面光滑、整洁，斑点少甚至没有，果个大，比重小，着色面积大，全红果率可达90%以上，优果率接近80%。果实的硬度大，可溶性固形物显著提高。此外，果实中维生素C、粗蛋白、粗纤维等也明显增加

　　沼肥和化肥配合施用的苹果园，增产率为5%～12%。施用沼肥的苹果园，每亩可增收900元，节支220元。

11. 柑橘施用沼肥技术

沼肥施用于柑橘上，可以防治病虫、改善品质和提高产量，一举多得。沼渣在冬季作基肥，夏季作壮果肥；沼液作根部追肥和叶面追肥

11.1 施用期与施用量

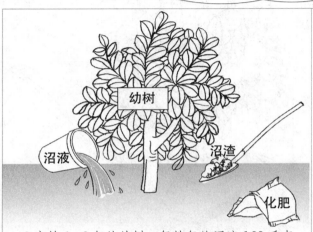

◎定植1~2年的幼树。每株年施沼液100千克或沼渣50千克，或采取沼液、沼渣结合，沼液、化肥结合，在3~7月每月施1~2次沼液，每次每株20~30千克。春、夏、秋三梢肥应重施，每株施沼渣10千克，另外补施适量磷、钾肥

◎3~5年初挂果树。应施好3次肥：①花前肥：2月下旬至3月下旬施，施肥量占全年的25%，每株施沼渣25千克或沼液50千克。若沼渣、沼液不足，应补足氮、磷、钾肥。②壮果促梢肥：7月中下旬施，施肥量占全年的50%，每株施沼渣50千克或沼液100千克。树势弱，沼肥不足时，需用化肥补施。③还阳肥：早熟品种在采果后施，中迟熟品种在采果前施，用量占全年的25%，每株施沼渣25千克或沼液50千克。沼渣、沼液不足的，用化肥补施

6年以上成年挂果树应将沼肥与化肥同时施用，以春梢肥和还阳肥为重点，每株每次施沼渣25千克或沼液50千克，适量补充化肥。

11.2 沼渣作基肥

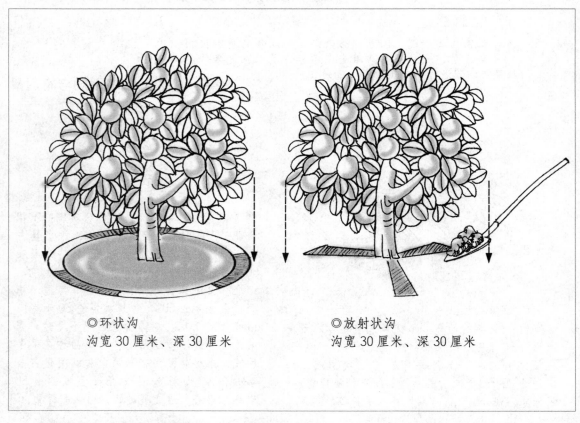

◎环状沟
沟宽 30 厘米、深 30 厘米

◎放射状沟
沟宽 30 厘米、深 30 厘米

　　沼渣作基肥施用时要挖沟深施，可沿树冠滴水线挖环状沟或从基部朝外挖 2 ～ 3 条放射状沟至滴水线处，施肥后用土覆盖。

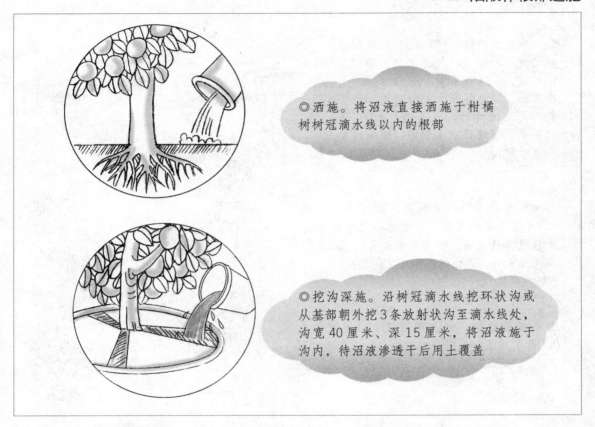

◎洒施。将沼液直接洒施于柑橘树树冠滴水线以内的根部

◎挖沟深施。沿树冠滴水线挖环状沟或从基部朝外挖3条放射状沟至滴水线处，沟宽40厘米、深15厘米，将沼液施于沟内，待沼液渗透干后用土覆盖

沼液作柑橘根部追肥时，可洒施或挖沟深施。

11.4 沼液作叶面追肥

◎沼液浓度控制在 50%~60%(即根据沼液浓度、物候期、气温而定，幼树、嫩叶期，1 份沼液加 1~2 份清水；夏季高温，1 份沼液加 1 份清水；气温较低，是老叶时，可不必加水)，选择早晨、傍晚或阴天喷施。喷施时要侧重叶背面

◎对于结果较多的果树可以在沼液中加入 0.05%~0.10% 的尿素进行喷施。对于幼年树或挂果少的果树，在沼液中加 0.2%~0.5% 的磷酸二氢钾，以促进下年花芽的形成

◎果实膨大期，每亩用沼液 100 千克加入 0.15% 的尿素和 0.03% 的磷酸二氢钾喷至叶面布满水珠且不滴水为宜，每隔 7~10 天喷施一次，可多次喷施

　　在柑橘每个生长期前后都可用沼液作叶面追肥。如果果树虫害严重，可在沼液中添加适量农药进行喷施。

12. 西瓜应用沼肥技术

沼肥应用于西瓜种植，可提高西瓜产量，同时西瓜外表美观，表皮光滑，且皮薄肉红，水分多，口感好，甜度高

12.1 沼液浸种

◎将新鲜纯沼液用清水稀释20倍，搅动挥发硫化氢气体后，把晒干后的西瓜种子装袋浸入稀释的沼液中，浸种8~12小时，中途搅动一次

◎浸种结束后取出种子轻搓1分钟，用清水洗净，保温催芽1~2天，温度30℃左右，一般20~24小时即可发芽

浸种后的西瓜种子可直接播种，也可用于苗床育苗。

12.2 沼渣配制营养土育苗

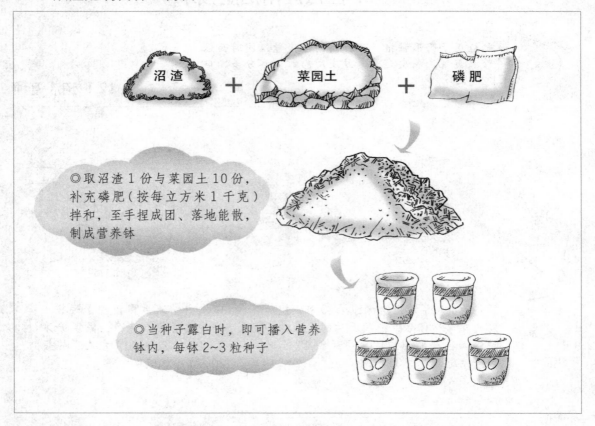

沼渣 + 菜园土 + 磷肥

◎取沼渣1份与菜园土10份，补充磷肥（按每立方米1千克）拌和，至手捏成团、落地能散，制成营养钵

◎当种子露白时，即可播入营养钵内，每钵2~3粒种子

用作配制营养土的沼渣要腐熟，与菜园土和磷肥拌和制成营养钵培育西瓜苗。

沼渣

◎西瓜苗移栽前一周，整地时将沼渣施入大田瓜穴，每亩施沼渣 2500~3500 千克

可用沼渣作为西瓜苗床基肥代替普通农家肥。

12.4 沼液作追肥

幼苗期以轻施肥为原则。按 4%~5% 的沼液浓度加 0.5% 的尿素或复合肥浇施,促其早生快发,同时保持厢面适度干燥,做好病虫害防治

沼液作叶面追肥。初蔓开始,7~10 天喷一次,沼液:清水 =1:2,后期改为 1:1,能有效防治枯萎病

◎从花蕾期开始,每 10~15 天行间点施一次,每次每亩施沼液 500 千克,沼液:清水 =1:2。可重施一次壮果肥,用量为每亩 100 千克饼肥、50 千克沼肥、10 千克钾肥,开 10~20 厘米环状沟,施肥后在沟内覆土

苗期追施沼液切忌用量过多,以防瓜苗过盛徒长,造成荫蔽、坐果不良,也易患病。

◎伸蔓期巧施出藤肥。以沼渣速效肥为主,结合瓜苗长势,配合沼液进行 1~2 次叶面喷施,喷施浓度为 50%(即沼液:水为 1:1),促进瓜苗粗壮,节间伸长适度,叶片深绿厚实,为坐果期积累充分的养分

◎坐果期重施壮果肥。西瓜在正常节位坐果后,待幼果有鸡蛋大时,进入西瓜膨大期,这时施壮果肥是夺取西瓜丰产的关键。在追施尿素或三元复合肥的同时,每亩加施沼渣 1300 千克;一周后再施第二次壮果肥,用量酌减。在根施的同时,应配合沼液叶面追肥,一般喷施 3~4 次,每次每亩喷施沼液 750 千克

坐果期施壮果肥时,可根据病虫害的发生情况,在沼液中加适量农药,起到追肥、杀虫的双重效果。

12.6 沼肥防治西瓜枯萎病新技术

"沼渣基肥＋沼液浸种＋沼液喷肥＋沼液灌根"
新技术防治西瓜枯萎病

◎沼液喷肥。进入 5 叶期后至结瓜前，用沼液进行叶面喷肥。首次用沼液要用清水稀释 20 倍，用喷雾器向叶背、瓜蔓、地表同时全面喷雾，每亩喷 30 千克。第二次稀释 15 倍，每亩喷 50 千克。第三次稀释 5 倍，每亩喷 60 千克。第四次不用稀释，直接用沼液喷雾，每亩喷 60 千克

◎沼液灌根。西瓜生长期间，如果田间有个别秧苗出现枯萎病症状，要及时用沼液灌根，每隔 7 天一次，直至病愈苗壮为止

用"沼渣基肥＋沼液浸种＋沼液喷肥＋沼液灌根"新技术防治西瓜枯萎病，既能控制西瓜枯萎病大面积发生，又能逐步杀灭土壤中的病原菌，使西瓜能够连茬种植。不但能获得较高的产量，而且西瓜品质也有所提高。注意：该技术至少要连续使用旱地 7 年、水地 4 年，才能根除西瓜地土壤中的枯萎病病原菌。

13. 辣椒应用沼肥技术

13.1 沼液浸种

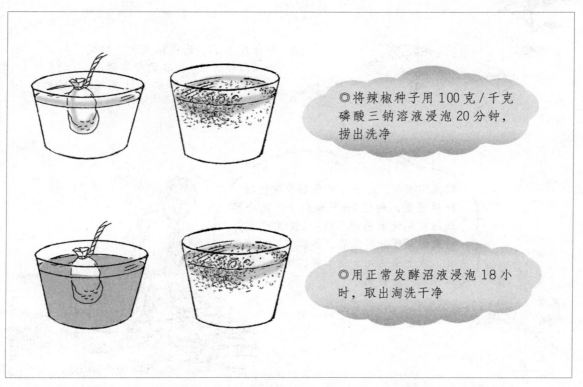

◎将辣椒种子用100克/千克磷酸三钠溶液浸泡20分钟，捞出洗净

◎用正常发酵沼液浸泡18小时，取出淘洗干净

浸种后的辣椒种子用纱布包好，置于22～25℃的条件下催芽36小时后播种。

13.2 沼渣作基肥

◎苗床基肥。选择温室、小拱棚、半面棚或阳畦育苗。育苗前耕翻晒土 10 天左右，结合翻土每亩施干沼渣 3667~4000 千克，耙平踩实

◎大田基肥。在前作收获后及时伏耕、秋耕晒垡，耕深 25 厘米以上。结合整地每亩施优质沼渣 8333~10000 千克，并做好深秋耙糖保墒、冬春打碾提墒工作，使土壤达到上虚下实、地平土碎，以促进养分转化

施用沼渣培肥苗床，辣椒病虫害少而轻，着色好，果色鲜艳，可增产 12% 左右。

◎第一次追肥在门椒膨大时，可在距植株根部10~12厘米处打孔施入沼液，随后灌水。也可随水每亩直接浇施沼液2667~3000千克。此后结合灌水追施沼液2~3次，肥量酌情递减

◎从第一层果开始，将沼液按2：1对水后每隔10天左右叶面喷施一次，至盛果期叶面喷沼液5~6次。同时可结合叶面追施沼液喷施0.2毫克/千克喷施宝、丰产素，或5克/千克磷酸二氢钾2~3次

在辣椒全生育期尽量不施或少施化肥，若确有明缺肥症状，可适当补施。

13.4 沼肥防治辣椒病害

◎防治辣椒病毒病。按沼液 35 千克加洗衣粉溶液（洗衣粉：清水 = 0.1 ：1）1.3 千克的配比，配制成沼液复方治剂喷施。喷施时间一般选择在晴天上午 10 时左右为佳，连续两天，每天喷一次

◎防治辣椒白粉病。在发病初期，用8~10 倍沼液配合 10% 世高水分散性颗粒剂 3000 倍液与 75% 百菌清可湿性粉剂 500 倍液的混剂连续喷洒 2~3 次，防治效果明显

沼液浸种、基施和追肥沼肥，可预防和减轻辣椒病害发生。

14. 番茄应用沼肥技术

大棚番茄施用沼肥能促进番茄生长，使叶色变深、叶片变厚、主茎变粗、节间缩短，长势明显增强。其中以在耕地前用沼渣作基肥、定植后用沼液灌根、坐果后再用沼液进行叶面喷施效果最佳，可增产 26.8%

14.1 沼液浸种

将番茄种子晒 1~2 天后，在过滤好的沼液中浸泡 8~12 小时

浸种后的番茄种子即可准备下种。

14.2 沼渣作基肥

◎沼渣施用前先加入1%~2%的浓氨水，也可加入1%的尿素或2%~3%的石灰，搅拌均匀。堆放2~3天后备用。如急需使用则可将50千克沼渣与1克敌百虫溶液搅拌均匀，堆放一夜后施用

◎在番茄定植前，每亩施沼渣2000~2500千克，并根据番茄熟性、栽培时期等的不同配比少量化肥，混匀后均匀撒于地表再旋耕30厘米

沼渣

化肥

在施沼渣的基础上，对于早熟品种，每亩施入磷酸钙15～20千克、硫酸钾10～15千克、尿素5千克左右；对于晚熟品种，应适当控制氮肥用量。

◎番茄定植后 7~10 天，结合浇水追施沼液催果。沼液：水
按 1 ：1 稀释后，每亩浇施 1000 千克

◎当第一穗果开始膨大时，结合浇水每亩施入尿素 8~12 千克

　　第一穗果即将收获、第二穗果膨大时，植株进入盛果期，每亩再追施沼液 1500 千克左右，连续追肥 3 次，可达到防早衰和提高品质的目的。

15. 黄瓜应用沼肥技术

在黄瓜上施用沼肥，植株长势旺，叶片表现深绿，坐果率提高，畸形瓜率降低，采摘期延长，增产效果明显；能提高黄瓜对霜霉病和炭疽病的抗性；同时，可有效提高黄瓜维生素 C 含量和可溶性糖含量，也能极大地改善黄瓜果实色泽、均匀度、口感等品质

15.1 沼液浸种

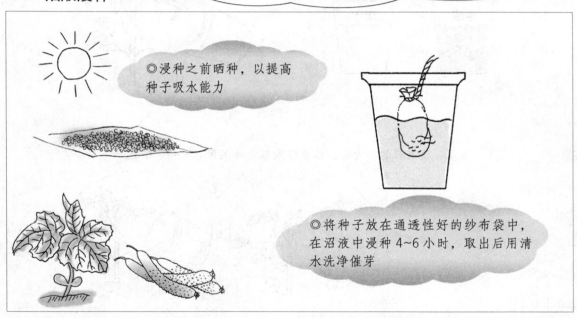

◎浸种之前晒种，以提高种子吸水能力

◎将种子放在通透性好的纱布袋中，在沼液中浸种 4~6 小时，取出后用清水洗净催芽

沼液浸种可提高黄瓜的发芽势，促进苗期生长。低浓度沼液的浸种能促进黄瓜的发芽，高浓度的沼液抑制黄瓜种子的发芽，最适的沼液浸种浓度为 0.5% ～ 2.5%。

◎施肥后盖上一层5~10厘米厚的园土

◎每亩用沼渣3000千克、过磷酸钙35千克、草木灰100千克和适量生活垃圾混合后施入穴内

◎定植后立即浇透水分，及时盖上稻草或麦秸

沼渣作黄瓜基肥一般采用大穴大肥法。

15.3 沼液作追肥

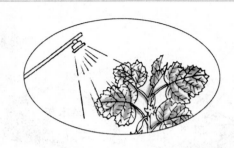

◎叶面追肥。黄瓜生长前期可使用稀释1~2倍的沼液进行叶面喷肥，结瓜后期直接喷施可防止早衰，每7~10天喷施一次，每次亩用量20~30千克

◎根部追肥。追肥时应提前将沼液稀释或随浇水冲施，以防止黄瓜烧苗和氮肥挥发。亩用量1000千克左右。结瓜初期每隔7~10天施用一次，盛瓜期每隔4~6天施用一次

叶面追肥时，为了达到杀灭蚜虫和提高吸收效果的目的，每20升沼液里可加入50~100毫升酒精和少许增效剂

叶面追肥时，结瓜前期最好在上午喷施，采瓜盛期和后期一般在傍晚喷施。黄瓜上市前7天，不施用沼液。

16. 芹菜应用沼肥技术

16.1 沼肥在芹菜上的作用

沼液浸种可提高芹菜成苗率，可以使芹菜苗齐苗壮，成苗率提高 5% 左右，出苗期提前 1~2 天，定植期提早 2~3 天

施用沼渣、沼液，可使芹菜植株根系发达，叶色较深，茎秆增粗，每亩芹菜可增产 400~500 千克

施用沼渣、沼液，芹菜叶绿素含量提高 8%~15%，维生素 C 含量提高 9%~11%，总糖含量提高 33%~40%，还原糖含量提高 50%~55%，矿物质含量提高 40%~45%，硝酸盐含量降低 35%~50%

　　沼肥全面而均衡的养分有利于提升芹菜的品质，可防治芹菜病虫害，增强芹菜的抗逆性和减少农药的施用和残留。

16.2 沼液浸种

◎种子处理。在浸种前要晒种，晒种时间应根据种子的干湿及天气状况而定。选择晴天利用中午前后的时间，每天晾晒约6小时，一般1~2天为宜。为了使种子干湿度均匀，应将种子摊开，每日翻动3~4次

◎沼液选择。选用发酵时间长且腐熟较好，正常使用的沼气池中层发酵液。并于浸种前几天打开水压间盖，暴露数日，并搅动数次，清除水面浮渣

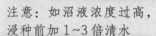

注意：如沼液浓度过高，浸种前加1~3倍清水

◎浸种操作。将种子装入透水性好的编织袋中，每袋种子量占袋容的1/2~2/3，扎紧袋子。将种子袋用绳子吊入出料间中部沼液中，并拽一下袋子的底部，使种子均匀松散于袋内，在出料口上横放一根木棒，将绳子另一端绑在木棒中部，使袋子悬吊在固定的浸种位置

浸种在播种前1～2天进行。浸泡时间要根据沼液温度而定，一般6～12小时。沼液温度高时，浸种时间稍短。一般以种子吸饱为度，最低吸水量23%为宜。浸种后，把种子取出洗净，待种子表面水分晾干后播种。如果需要催芽，即可进行催芽播种。

沼渣作基肥的施用量应视土地的实际情况而定。

16.4 沼液作追肥

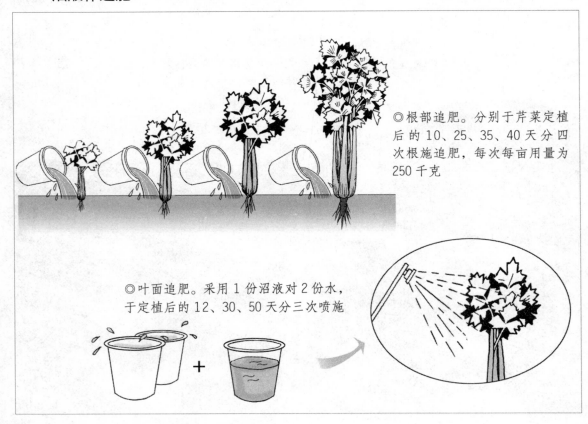

◎根部追肥。分别于芹菜定植后的 10、25、35、40 天分四次根施追肥，每次每亩用量为 250 千克

◎叶面追肥。采用 1 份沼液对 2 份水，于定植后的 12、30、50 天分三次喷施

沼液作芹菜追肥，可根部浇施或叶面喷施。

17. 马铃薯应用沼肥技术

以"沼渣（基肥）+ 沼液（追肥）"的施肥方法在马铃薯上的增产效果显著，增产可达22%。同时对立枯病、飞虱、稻象虫、稻纵卷叶螟等病虫害具有不同程度的减轻或降低的防治效果

17.1 沼液浸种

◎浸种时间。在播种前一天进行。在温度为15~25℃的沼液中，浸种4小时。浸种时间不宜过长，否则影响马铃薯发芽

◎浸种方法。取沼液盛入缸或桶等容器中，将种薯切块后装入透水性好的编织袋、布袋等包装袋中，整袋浸入沼液。浸种时包装袋要完全淹没在沼液液面以下，确保浸种效果

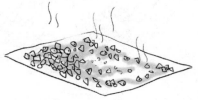

◎浸种结束后，将种薯从包装袋中取出，摊开晾干种薯表面水分，第二天即可播种

通过沼液浸种，可使马铃薯植株茎秆增粗、分枝增多、生育期延长，促进地上部分生长和发育，进而影响地下块茎的生长发育，可增产36.8%～39.6%。浸种可提高大薯率9个百分点。

17.2 沼渣施用

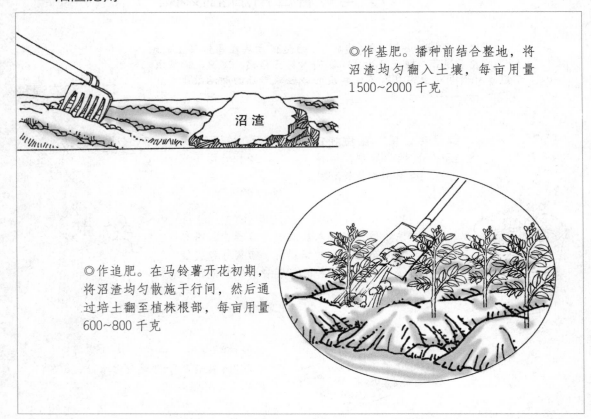

◎作基肥。播种前结合整地，将沼渣均匀翻入土壤，每亩用量1500~2000千克

◎作追肥。在马铃薯开花初期，将沼渣均匀散施于行间，然后通过培土翻至植株根部，每亩用量600~800千克

沼渣应从正常产气沼气池中用出料器从池底部抽取，取出后堆沤 5 ～ 7 天后方可施用。沼渣与过磷酸钙按 10 ：1 的比例混合堆沤后施用效果更好。

◎叶面喷施。从马铃薯现蕾期开始喷施沼液，每次每亩用量50千克，喷施时按1：1的比例对水稀释，可隔15天喷一次，连续喷2~3次。喷施时喷头距植株顶部15~20厘米，均匀喷洒。喷施最好选晴天、无风的上午10时前进行

沼液 + 清水

注意：沼液喷施必须掺水稀释，且不能在中午进行，否则容易烧苗

◎纯沼液灌根＋叶面喷施。灌根量应掌握在每亩3600千克左右，叶面喷施要均匀喷到

纯沼液灌根和沼液叶面喷施可提高马铃薯的抗性，改善经济性状，具有显著的增产效果。

18. 烤烟应用沼肥技术

18.1 沼肥在烤烟上的作用

◎ 施用沼肥的烤烟还苗期一般可提早，成活率提高

◎ 烟株的黑茎病、花叶病降低

◎ 烤烟产量高，每亩可提高经济效益200~300元

◎ 烟叶质量好，肉质能达优质烟标准

在烤烟上施用沼肥，可提高烤烟苗的成活率，降低烟株病害，提高烤烟产量和烟叶品质。

◎种子精选。清除种子中的杂物，淘汰秕籽。一般可用风选或水选。风选：一种是借自然风力，将轻而小的种子加以分离；另一种是用种子精选器进行风选。水选：将种子倒在盛有清水的器皿内，搅拌浸泡后静置，捞去漂浮在水面上的杂物和秕籽，将下沉的饱满种子晾干备用或随即用沼液浸泡

◎沼液浸种。将烤烟种子装进透水性较好的布袋中，每袋装 300~500 克，然后扎紧袋口，放入装有沼液的容器中浸泡 30 小时，然后取出用清水反复轻搓，直到水清为止，12 小时后播种。春烟须催芽后播种，催芽的方法与常规方法相同

◎苗床整地与施肥。苗床的规格为长 10 米、宽 1.2 米。每标准苗床均匀施入 100~150 千克沼渣，然后将地整平，畦面与地面持平，畦周围筑高 10~15 厘米的畦埂，踩坚实。每标准苗床施混拌的过磷酸钙 2.5 千克与三元复合肥 1 千克，耙匀，然后将已催芽的烟籽用砂或过筛后的细土拌匀后，均匀播下，随即插拱棚，盖塑料薄膜。其苗床管理与常规管理相同

烤烟幼苗喜温、喜肥、怕涝，易染病害，苗床应选择背风向阳，地势较高，地下水位低，靠近水源，能排能灌，土层深厚，结构良好，疏松肥沃的地块。最好选 3 年内没种过烤烟、油菜、茄子、辣椒、番茄等茄科和葫芦科蔬菜的地块作苗床。烤烟重茬地、蔬菜地、盐碱地及排水不良、土质黏重、容易积水的地块都不宜做苗床。树荫下、杂草多的地方也不宜做苗床。

18.3 沼渣作基肥

◎烤烟移栽前半个月，用钉耙将地翻整好，做成垄，提前 3~5 天开好条沟，沟深 16~18 厘米，然后按每亩 3000 千克沼渣的用量，均匀施入条沟里代替饼肥，其他化学肥料根据各地土壤情况进行配比后均匀地撒在条沟中的沼渣上，然后覆盖 6~8 厘米厚的土

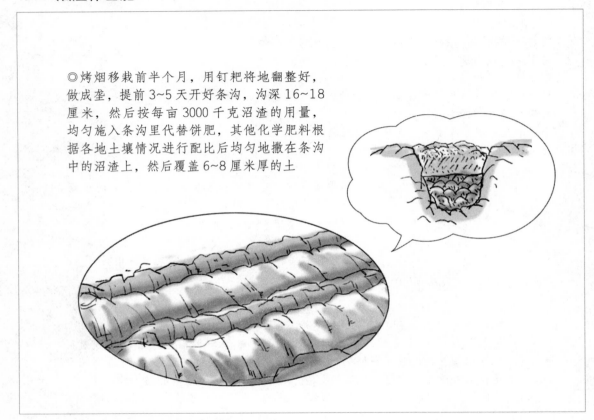

所有作基肥的沼渣和化学肥料要一次性施入。

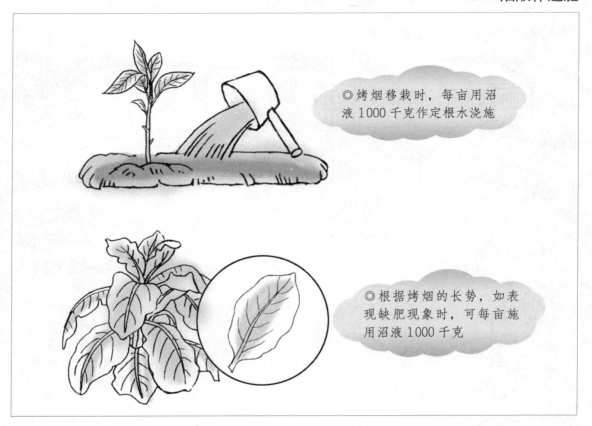

◎烤烟移栽时，每亩用沼液1000千克作定根水浇施

◎根据烤烟的长势，如表现缺肥现象时，可每亩施用沼液1000千克

沼液作烤烟追肥，可在烤烟移栽时浇施。在烤烟生长期，可根据缺肥现象施用沼液。

19. 大棚无公害蔬菜施用沼肥技术

19.1 沼肥在蔬菜生产上的作用

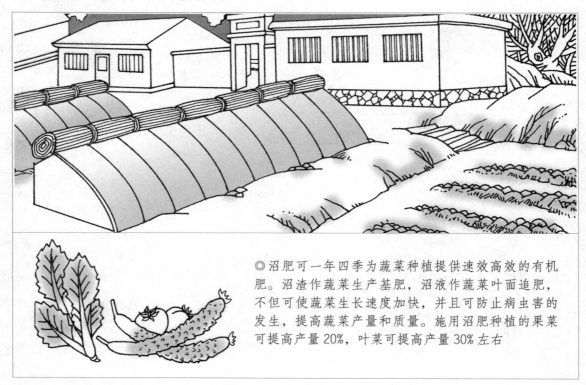

◎沼肥可一年四季为蔬菜种植提供速效高效的有机肥。沼渣作蔬菜生产基肥，沼液作蔬菜叶面追肥，不但可使蔬菜生长速度加快，并且可防止病虫害的发生，提高蔬菜产量和质量。施用沼肥种植的果菜可提高产量20%，叶菜可提高产量30%左右

　　利用沼肥种植蔬菜，可实现综合利用良性循环，节支创收，是大力发展无公害蔬菜生产的一项有效途径，既可增加肥效，又可减少使用农药和化肥，生产的蔬菜深受消费者喜爱。

◎ 沼渣作基肥。视蔬菜品种不同，每亩施沼渣1500~3000千克，在翻耕时撒入，也可条施或穴施。对于瓜菜类，一般采用"大穴大肥法"。每亩沼渣3000千克、过磷酸钙35千克、草木灰100千克和适量生活垃圾，混合后施入穴内，盖上一层厚约5~10厘米的原土，定植后立即浇透水分，及时盖上稻草或麦秆

◎ 沼渣作追肥。每亩用量1500~3000千克。先在蔬菜旁边开沟或挖穴，施肥后立即覆土

秧苗移栽时，每亩施腐熟沼渣2000千克，施入定植穴内，与开穴挖出的原土混合后进行定植。

19.3 沼液作追肥

◎根部追施沼液。沼液用量视蔬菜品种而定，一般每亩 500~2000 千克。追施时一定要对 2~3 倍清水后使用，以防浓度过高而烧伤根系。施肥时间以晴天上午露水干后或傍晚为好，雨天或土壤过湿时不宜施肥

◎叶面喷施沼液。沼液需经过滤后方可使用。幼苗、嫩叶期和夏季高温期，1 份沼液对 1~2 份清水。气温较低，又是老叶时，可不必对水。喷施时以叶背面为主，以布满液珠而不滴水为宜

　　叶面喷施沼液，叶菜类可在蔬菜的任何生长季节施肥，也可结合防病灭虫时喷施沼液。瓜菜类可在现蕾期、花期、果实膨大期进行，并在沼液中加入 3% 的磷酸二氢钾。每隔 7 ～ 10 天喷施 1 次，多次喷施。蔬菜上市前 7 天，一般不追施沼液。

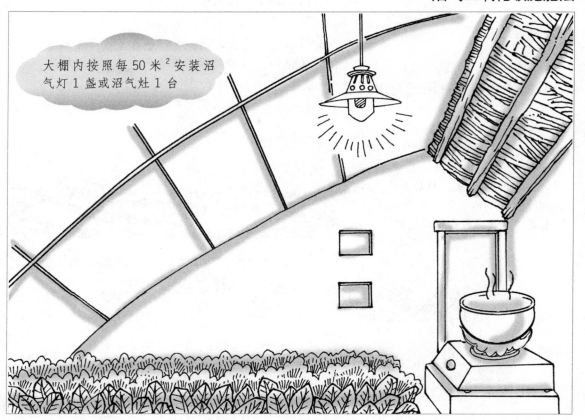

大棚内按照每50米²安装沼气灯1盏或沼气灶1台

在蔬菜大棚用沼气灯增温时，每天5:30—8:30直接点燃灯即可。

20. 沼肥种花技术

沼肥培育花卉的优点：肥效平稳，养分全面，肥效较长，兼治病虫，主要用作基肥和追肥

20.1 露地栽培花卉沼肥施用技术

◎沼渣作基肥。提前半月，结合整地，每平方米施沼渣2千克，拌匀。若为穴植，视植株大小，每穴1~2千克，覆土10厘米，然后栽植。名贵品种最好不放底肥，而改以疏松肥土垫穴，栽活后在根旁施肥

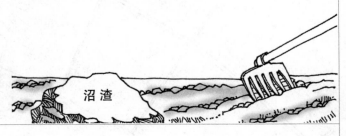

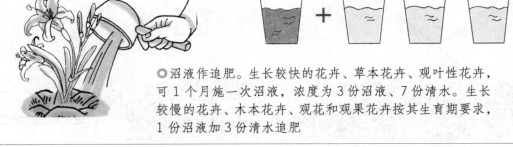

◎沼液作追肥。生长较快的花卉、草本花卉、观叶性花卉，可1个月施一次沼液，浓度为3份沼液、7份清水。生长较慢的花卉、木本花卉、观花和观果花卉按其生育期要求，1份沼液加3份清水追肥

采用沼液、沼渣混合追肥时，在花卉根梢处挖穴，依植株大小，每穴施0.5～5千克。

◎配制培养土。腐熟 3 个月以上的沼渣与风化较好的山土拌匀。比例：鲜沼渣 1 千克、山土 2 千克，或干沼渣 1 千克、山土 9 千克

◎换盆。盆花栽植 1~3 年后，需换土、扩钵。一般品种可用培养土填充，名贵品种需另加少许硅肥降低沼肥含量。凡新植、换盆花卉，不见新叶不追肥(20~30 天)

◎追肥。盆栽花卉一般土少、植株大，营养不足，需要人工补充。要掌握好补肥时间和数量。茶花类（山茶为代表）要求追肥稀少，即次数少、浓度稀，3~5 月每月施一次沼液，浓度为 1 份沼液加 1~2 份清水。季节花(月季花为代表)可 1 月施一次沼液，浓度同上，9~10 月停施

　　沼渣要充分腐熟。沼液喷施前，应敞 2 ～ 3 小时。切忌过量施肥。若施肥后纷落老叶，视为浓度偏高，应及时水解或换土；若嫩叶边缘呈水渍状脱落，视为水肥中毒，应及时脱盆换土，剪枝、遮阴养护。

21. 沼渣栽培双孢菇技术

21.1 季节安排和原料选择

◎季节安排。高温型双孢菇一般在4月中旬进行堆料，5月上旬播种，5月下旬覆土，6月中旬出菇，8月采收。秋菇一般在9月下旬堆料，10月播种，11月出菇，次年4月采收

◎原料选择。每种植100米²双孢菇，用稻草2400千克、沼渣2400千克、豆饼粉50千克、尿素40千克、过磷酸钙50千克、石膏粉50千克、石灰50千克、碳酸钙25千克

根据双孢菇的采收时间，确定堆料和播种时间。培育双孢菇的原料以沼渣和稻草为主。

◎堆料时间。一般安排在下种前 25 天进行，堆料前 2~3 天将稻草浇湿或浸湿吸足水分

◎建堆。先铺一层 2 米宽、0.3 米厚的稻草，再铺一层 0.02 米厚的沼渣，这样一层稻草、一层沼渣地堆，边堆边补充水分，并均匀加入尿素、过磷酸钙等辅料。堆 10~12 层后，使堆高约达到 1.8 米左右。将堆顶堆成龟背形，使堆边垂直，再用草帘或薄膜将其覆盖，以防雨淋

◎翻堆。根据天气和堆料温度变化通常翻堆 4 次，间隔时间分别为 4、4、3、2 天，将沼渣和稻草拌松翻匀，外部料翻到中间。第一次翻堆要补足水分。第二次翻堆要将料堆缩至宽 1.8 米、高 1.6 米，并加入 1/3 石膏粉

　　在进室内发酵的前一天，堆料四周和场地要消毒一次，并用塑料薄膜密封 6～12 小时，使堆料微有肥味，稻草生熟适中，且有韧性，不易折断，柔软有光泽；达到含水量在 62% 左右、pH 为 7.5～8 的标准。

21.3 后发酵（室内发酵）

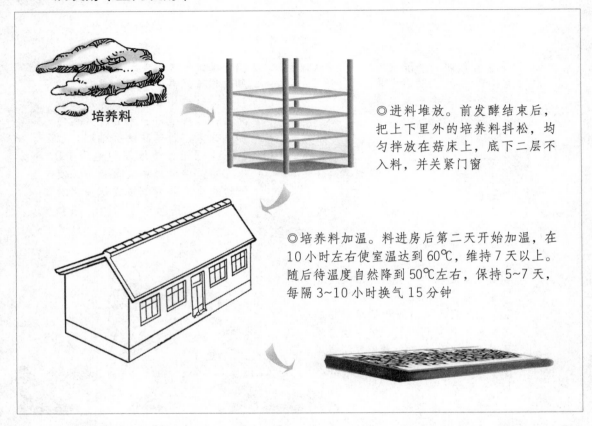

培养料

◎进料堆放。前发酵结束后，把上下里外的培养料抖松，均匀拌放在菇床上，底下二层不入料，并关紧门窗

◎培养料加温。料进房后第二天开始加温，在10小时左右使室温达到60℃，维持7天以上。随后待温度自然降到50℃左右，保持5~7天，每隔3~10小时换气15分钟

后发酵结束，培养料要长满白色有益微生物菌丝。并要求达到以下条件：无氨味、有香甜面包味，呈深褐色，柔软有弹性，且不粘手，含水量62%左右，pH为7.2～7.5。

◎翻格。将培养料均匀铺在各层床架上，拣去杂质，边翻料、边拌松、边平整，做到厚薄均匀、松紧适中、料面平整

◎播种。待料温下降到28℃以下即可播种。每平方米需"谷粒种"菌种1.2~1.5瓶

　　播种采用混播加面播方法，先用1/2菌种均匀撒播于料里，后用清洁工具轻轻拍料面，使种粒落入料层，然后将剩余菌种均匀撒播于料面，用平板压紧，松紧度适中。播完种后，清理菇房，保持菇房清洁卫生。

21.5 发菌期和覆土管理

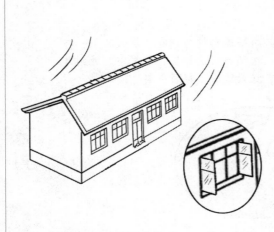

◎发菌期管理。播后第二天,关门窗。于早、晚进行通风换气,换气时间由气温决定,25℃以下一般不通风,28℃以上适当通风,30℃以上加强通风。一般情况下每天通风1~2小时,以便菌体萌发生长。播后第五天逐渐加大通风量。25~30天后菌丝就会长满料层

◎覆土管理。每100米²种植面积需塘泥3米³、粗米糠250千克左右。粗米糠在覆土前一天用0.5%石灰水浸泡。覆土时,将处理过的粗米糠与塘泥充分拌匀,随拌随用,撒在料面上,厚2.5厘米,并昼夜通风

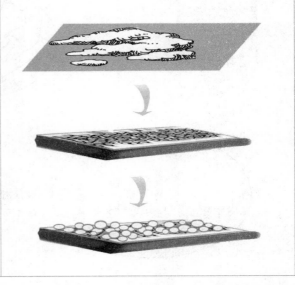

覆土后一般7天左右可见小菇蕾,此时不需喷水,只需将空气湿度保持在90%～95%即可。经3～4天床面就会出现大批蘑菇。

22. 沼渣栽培平菇技术

平菇是我国栽培面积最大、产量最高的菌类之一。用沼渣栽培平菇，成功率高，产量稳定，经济效益好

22.1 季节安排和原料处理

◎季节安排。高温型平菇种植及生长期在 4~8 月，中低温型平菇 8 月种植，次年 6 月采收

◎原料配比。农作物秸秆（如玉米芯、稻草等）＋木屑 53%，沼渣或食用菌渣 30%，米糖或麦糠 10%，花生麸 2%，石膏粉 1%，石灰粉 2%，复合肥 2%，料、水比为 1：1.25

◎原料装袋。将原料混拌均匀，装在 22 厘米 ×45 厘米 ×10 厘米聚乙烯塑料袋中，常压灭菌 10 小时

种平菇的原料来源广泛，如农作物秸秆、花生壳、木屑、甘蔗渣、各种粪肥、沼渣、食用菌渣等。原料要求新鲜、干燥、无霉变、无杂物。

22.2 发菌和出菇管理

◎发菌管理。接完菌种后,室内、室外发菌都可以,最高温度不能超过28℃,要经常检查袋内温度,如高于28℃,立即翻堆,千万不能让高温烧死菌丝。正常条件下菌丝一般25~30天可长满袋

◎出菇管理。出菇期注意通风换气,通风不留死角,并给予一定散射光,直到长成为止

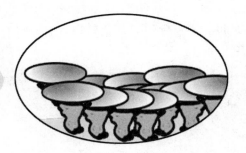

发菌期管理的重点是控制温度,出菇期管理的重点是注意通风换气。

23. 沼渣栽培木耳技术

采 用沼渣和农林作物下脚料栽培木耳，原料来源广，生产成本低、周期短，生物效率高，生态效益好，栽培后的脚料破袋后可用于沼气池发酵原料或继续用于种植其他食用菌

23.1 季节安排和原料处理

◎季节安排。春耳最适期生长时间为4~6月，装袋及接菌种时间为1~3月。秋耳最适生长季节为9~11月，装袋及接菌种要安排在7~8月

◎拌料装袋。将稻草（蔗渣或玉米芯）或杂木屑50%、沼渣30%、麦麸15%、蔗糖1%、石灰2%、过磷酸钙2%充分拌匀后，加水55%~60%。然后，装在直径17厘米、长45~50厘米的塑料袋内。装袋后要压实并绑紧袋口，否则不利于接种且易感染杂菌

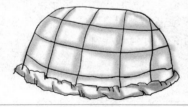

◎料袋灭菌。一般采用常压灭菌。所有料袋达到100℃后，再继续灭菌10~12小时

木耳菌丝生长最适温度为22～28℃，子实体形成最适温度为20～28℃，可以此为依据安排春耳、秋耳的栽培时间。

23.2 接种

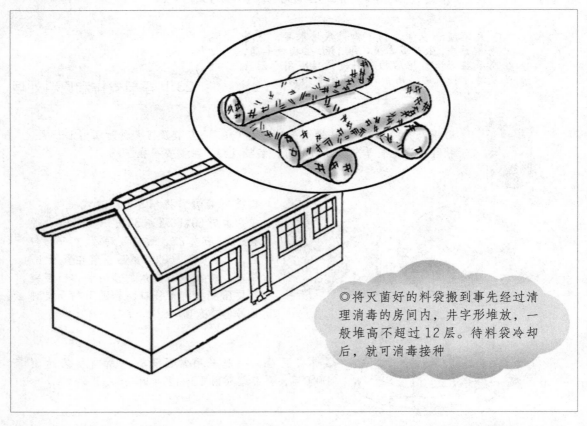

◎将灭菌好的料袋搬到事先经过清理消毒的房间内，井字形堆放，一般堆高不超过 12 层。待料袋冷却后，就可消毒接种

　　接种后管理重点是保温、避光、通气。一般培养 30 ～ 40 天，待菌丝走透菌袋时，就可进入出耳管理期。

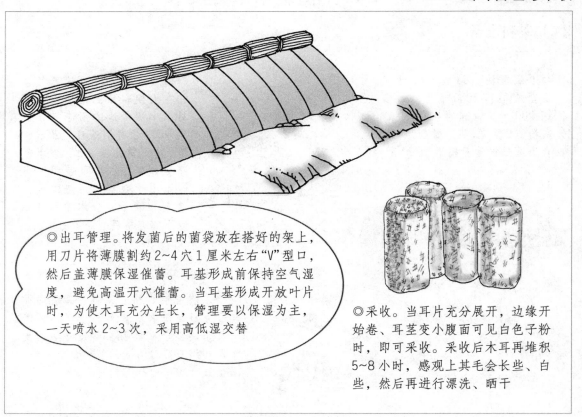

◎出耳管理。将发菌后的菌袋放在搭好的架上，用刀片将薄膜割约2~4穴1厘米左右"V"型口，然后盖薄膜保湿催蕾。耳基形成前保持空气湿度，避免高温开穴催蕾。当耳基形成开放叶片时，为使木耳充分生长，管理要以保湿为主，一天喷水2~3次，采用高低湿交替

◎采收。当耳片充分展开，边缘开始卷、耳茎变小腹面可见白色子粉时，即可采收。采收后木耳再堆积5~8小时，感观上其毛会长些、白些，然后再进行漂洗、晒干

选择水源充足、通风向阳的地方建棚，棚内搭架培养。

24. 沼渣栽培草菇技术

24.1 基料准备

◎基料配比。沼渣 3000 千克，麦草或稻草 3000 千克，过磷酸钙 100 千克，尿素 15 千克，石灰粉 200 千克，生石膏粉 50 千克，食用菌三维营养精素 1200 克

◎沼渣处理。取自正常产气、并在大换料后正常运行 3 个月以上沼气池的沼渣充分腐熟即可。新鲜沼渣自然沥水、曝气（好氧处理）后，含水率降至 60% 左右即可使用。当时不用于栽培的沼渣，可将其充分晒干，含水率在 15% 以下储存备用

◎基料配制。将麦草或稻草用 100 千克石灰粉加水浸泡 1~2 天，沼渣加水调至含水率 70%，将浸泡后的麦草和沼渣与过磷酸钙、尿素、石灰粉、生石膏粉一起拌匀即可

使用玉米芯或玉米秸替代麦草时，应在配料后进行堆积发酵，每天翻堆一次，堆积发酵 5～7 天。三维营养精素最好在完成发酵后再均匀喷入。

◎在床基上先撒播一层草菇菌种，占总播种量的20%，铺一层15厘米厚的栽培基料，稍压实，使栽培基料层厚为8~10厘米

◎再撒播第二层草菇菌种，占总播种量的30%，再铺一层20厘米厚的栽培基料，稍压实，使栽培基料层厚为16~20厘米

◎将其余草菇菌种撒到料面，采用"手抓法"使散碎菌种沉入料内约2~4厘米深处，块状菌种品字形附于料表，但不高于料层，随即用木板将料面压平

每平方米料面用草菇三级菌种3瓶，采取"二料三种"播种法。

24.3 发菌覆土

◎播种后，覆盖塑膜，每天早晚通风各1小时左右，3天后在料面上覆土，厚度2厘米左右。覆土后将料床表面随即刮平，并喷洒适量清水将覆土层湿透

播种4天后，菌丝可基本发满料内，再继续发菌4天左右，即进入出菇管理阶段。

24.4 出菇管理

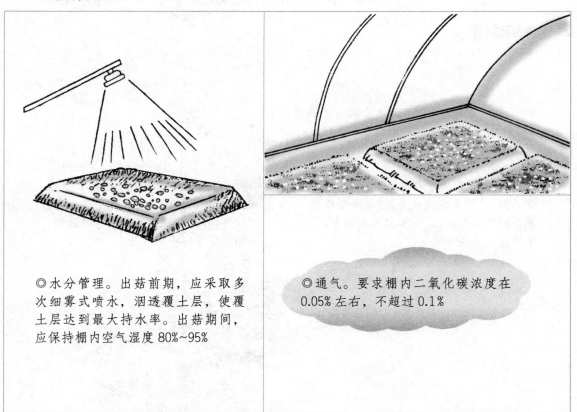

◎水分管理。出菇前期，应采取多
次细雾式喷水，润透覆土层，使覆
土层达到最大持水率。出菇期间，
应保持棚内空气湿度 80%~95%

◎通气。要求棚内二氧化碳浓度在
0.05% 左右，不超过 0.1%

出菇期间的管理重点是控制湿度和保持通气。

25. 沼渣养殖蚯蚓技术

25.1 蚓床制作

可采用室内地面养殖床和室外养殖床两种方式

◎室内地面要求为水泥地面和坚实的泥土面,房间要求通风透气,黑暗安静。室外应选择在朝阳、地势稍高的地方,床下泥土要拍紧压实

◎蚓床规格:长1~10米,宽1~2米,床前墙高0.3米,后墙高1.3米,四周挖好排水沟,床两头留对称的风洞,后墙还需留一个排气孔

冬季床面要有保温措施,一般可在床面上覆盖双层薄膜,两膜间隔10～15厘米,薄膜上再加盖草席。夏季需搭简易凉棚遮阳防雨,在饵料上盖湿草,厚度10～15厘米,以避免水分大量挥发。

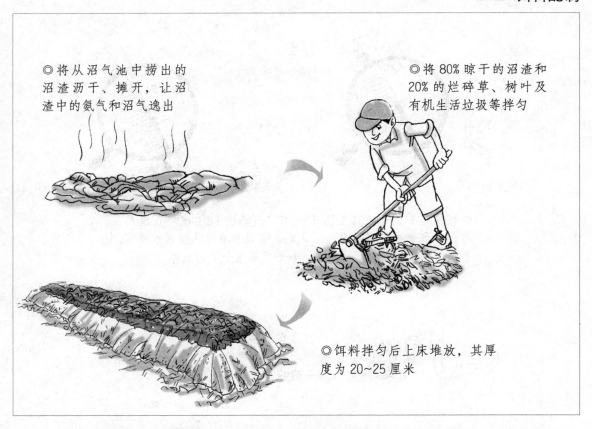

◎将从沼气池中捞出的沼渣沥干、摊开,让沼渣中的氨气和沼气逸出

◎将80%晾干的沼渣和20%的烂碎草、树叶及有机生活垃圾等拌匀

◎饵料拌匀后上床堆放,其厚度为20~25厘米

　　床内堆置饵料后即可投放蚓种。一般每平方米养殖面积可养成蚓1万条,养幼蚓2万~2.5万条。投放蚓种后盖上10~15厘米厚的碎稻草,保持饵料的含水量在65%左右。

25.3 蚓床管理

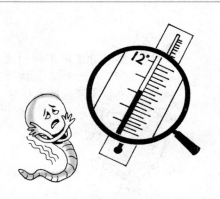

◎蚯蚓生长的适宜温度为 15~20℃，低于 12℃就停止繁殖，超过 35℃就有热死的危险。因此，高温季节应注意洒水降温，冬季注意增温保暖。一年中，4~5 月是生长繁殖旺季

◎在适宜条件下，蚯蚓每隔 7~8 天产卵一次，每卵可孵出 3~4 条小蚓，幼蚓一般 60~90 天可成虫，4 个月长成

在养殖过程中，一般情况下每月添料一次。要定期清理蚓粪并将蚯蚓分离出来，这是促进蚯蚓正常生长的重要环节。最好将大小蚯蚓分开饲养，因为混养可能造成成蚓自溶而影响产量。养殖床（地）要遮光，切忌强光直射；不要随意翻动养殖床，保持安静的环境；避免农药、废气等污染。